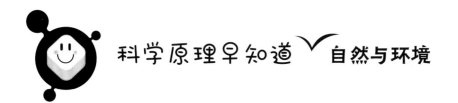

科学原理早知道 自然与环境

U0198794

清新空气
快回来

[韩] 金基明 文
[韩] 金英熙 绘
季成 译

化学工业出版社
·北京·

小民和秀秀一起跟着叔叔来爬山。

"哇，快看那边的雾。"

山下的小溪正被灰蒙蒙的雾气笼罩着呢。

"那可不是雾哦！那叫雾霾，是悬浮在空气中的大气污染物。"

叔叔告诉小民和秀秀，由于大气受到了污染，所以才会有雾霾天气的出现。

大气

包围着整个地球，且用肉眼看不见的所有气体统称为"大气"。而"空气"主要是指靠近地面的这一部分气体。

城市的空气中像雾一样弥漫着的污染物叫"雾霾"。

"叔叔，那雾霾究竟是什么意思呀？"

"就是雾（fog）和霾（smoke）合起来的意思。既可以说，雾霾是水蒸气混合着灰尘颗粒凝结成的雾；也可以说，由于灰尘颗粒受到阳光的照射，与其他物质混合后，产生了雾霾。总之，我们要知道，雾霾可不像雾，不只是让我们周围环境变得模糊不清，它还会让我们的眼睛和嗓子发疼，甚至夺走我们的生命。"

"雾霾这么危险呀？"

"是呀。从前在英国伦敦，严重的雾霾天气仅仅持续了 5 天，就有超过 1000 人因此死去。"

雾霾严重的时候非常危险，甚至会夺走我们的生命。 3

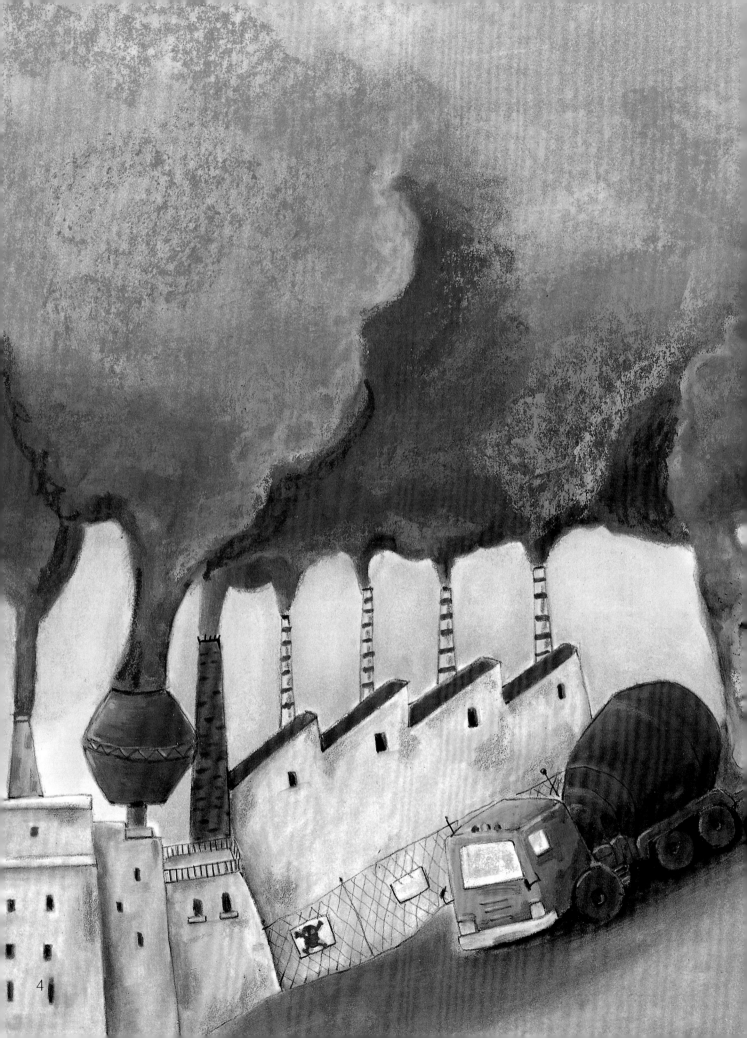

"猜猜看有哪些行为会造成空气污染呀？"

"爷爷放屁？还有爸爸抽烟？"秀秀回答道。

"哈哈，屁和香烟的烟雾确实可能会成为污染物哦。不过最污染空气的呀，还是工厂、汽车，还有家庭燃烧煤炭或石油时产生的煤烟。这些煤烟中含有大量对人体有害的物质，它们直接扩散到空气中，是造成空气污染的最大元凶。"

工厂、汽车和家庭燃烧煤炭或石油时会产生大量煤烟，直接扩散到空气中，污染空气。　　5

各种煤烟在空气中混合，扩散。

风将煤烟扩散到更远的地方。

6

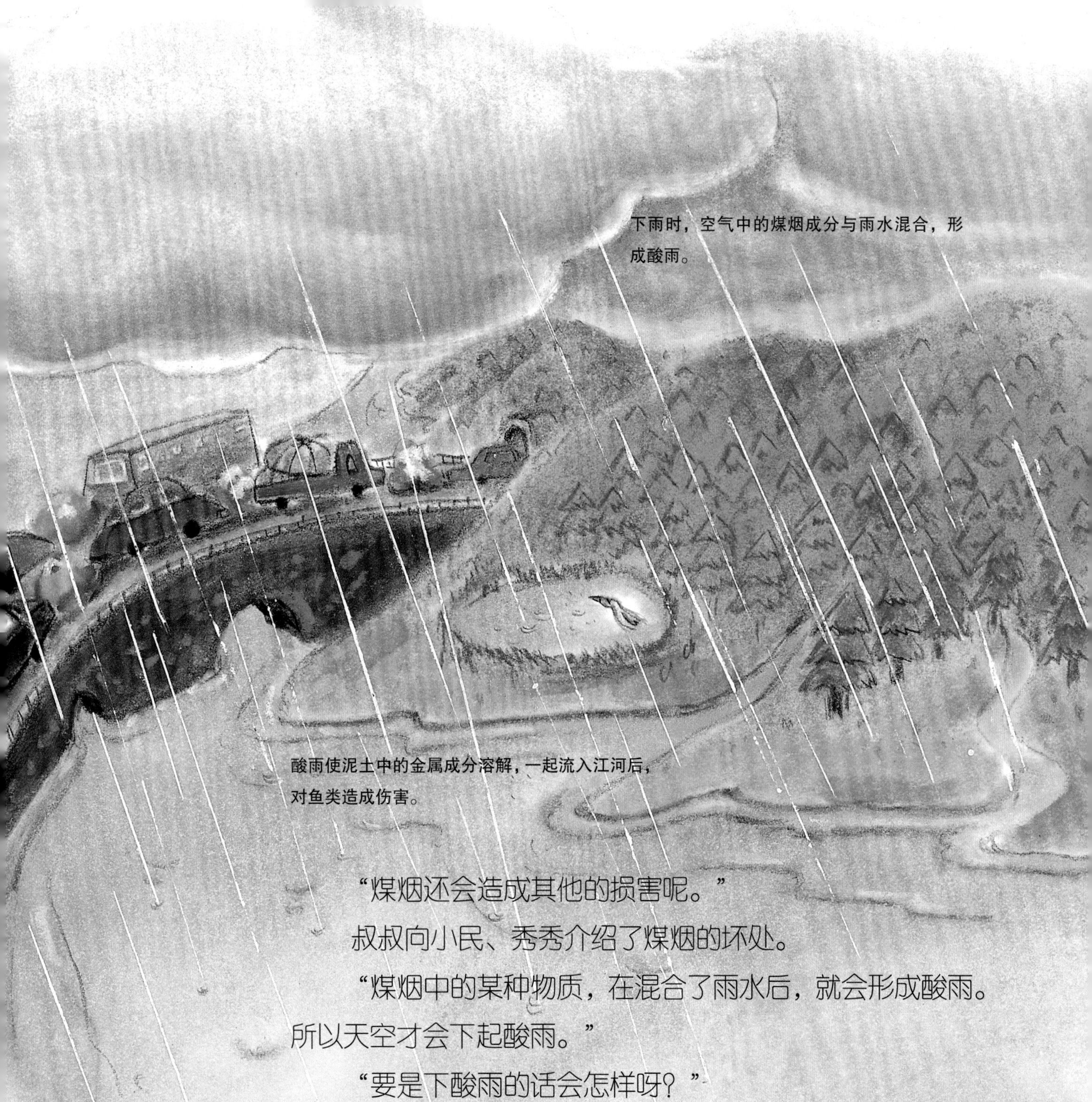

下雨时，空气中的煤烟成分与雨水混合，形成酸雨。

酸雨使泥土中的金属成分溶解，一起流入江河后，对鱼类造成伤害。

"煤烟还会造成其他的损害呢。"

叔叔向小民、秀秀介绍了煤烟的坏处。

"煤烟中的某种物质，在混合了雨水后，就会形成酸雨。所以天空才会下起酸雨。"

"要是下酸雨的话会怎样呀？"

"要是酸雨流到江河湖海的话，就会对水生生物造成各种伤害啦。"

酸雨

酸雨属于大气污染。酸雨能够溶解金属和大理石，还能破坏植物细胞，是一种含有大量被称为"酸"成分的雨。

空气中的煤烟与雨水混合，形成酸雨。　　7

"要是树木被酸雨淋到会怎样呀？"

"酸雨的毒性，会使植物制造养分的部位发生异常，从而导致树木直接枯死。以前在欧洲，还发生过由于酸雨而使整片森林全都枯死的事情呢。酸雨还会使钢铁制成的大桥生锈，使大理石和水泥制成的建筑物倒塌。要是人们长期被酸雨淋到，就会掉头发，还会使皮肤刺痛呢。"

酸雨还毁坏了位于雅典的帕特农神庙和卫城
等文化遗产。

酸雨使泥土中的金属物质溶解后流入江水和湖水中，阻碍了鱼
类的呼吸。所以酸雨所在的水域，鱼类都无法生存。

酸雨使植物枯死，建筑也被毁坏，还会对人们的健康造成伤害。

"看来煤烟可真是个坏家伙。"
小民就连导致酸雨形成的煤烟也一块讨厌上了。
"煤烟还会引起其他问题呢。"
"还有其他问题？"

"要是地球变暖的话，就可以减少燃料的使用了，难道不是更好吗？"

叔叔大笑着告诉小民和秀秀：

"要是地球温度升高，害虫在冬天没有被冻死，来年的庄稼就会被害虫吃了；有些地方会下很大的雨，导致洪水泛滥，而有的地方又会滴雨不下；等等。异常的事情就会在世界各地接连发生。"

由于大气污染，地球环境遭到破坏

大气包围着地球，抵御了来自太阳的紫外线辐射，有效地阻挡了来自太空中小殒石对地球的撞击；夜晚的时候，保证了地表的热量不会全部散尽，使地球保持在一定的温度。然而随着工业的发达，人工制造的物质不断混入大气，致使地球产生了各种环境问题。

温室气体增加，全球气候变暖，导致极地地区以及高山上的冰雪融化。

热量

含酸雨滴的云

臭氧层

酸雨破坏了植物制造养分的部位（叶绿体），导致植物死亡。

酸雨渗入地下，将地下的重金属离子溶出后，汇入江河湖海，导致鱼类无法生存。

含酸雨滴的云

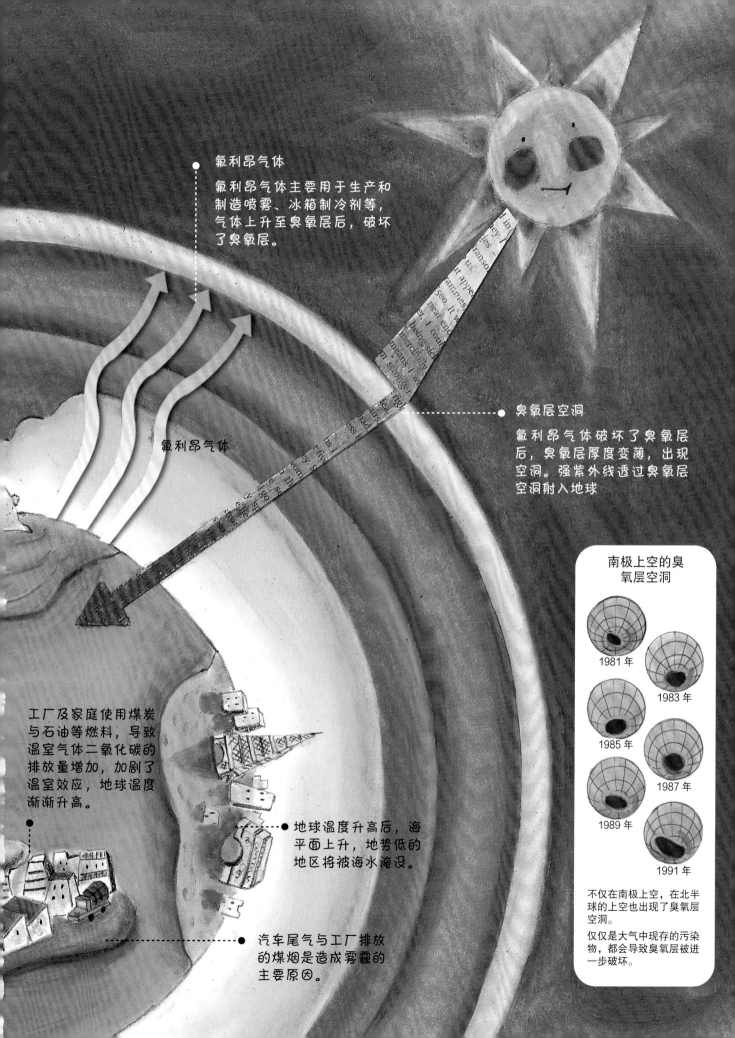

氟利昂气体

氟利昂气体主要用于生产和制造喷雾、冰箱制冷剂等，气体上升至臭氧层后，破坏了臭氧层。

氟利昂气体

臭氧层空洞

氟利昂气体破坏了臭氧层后，臭氧层厚度变薄，出现空洞。强紫外线透过臭氧层空洞射入地球

工厂及家庭使用煤炭与石油等燃料，导致温室气体二氧化碳的排放量增加，加剧了温室效应，地球温度渐渐升高。

地球温度升高后，海平面上升，地势低的地区将被海水淹没。

汽车尾气与工厂排放的煤烟是造成雾霾的主要原因。

南极上空的臭氧层空洞

1981 年
1983 年
1985 年
1987 年
1989 年
1991 年

不仅在南极上空，在北半球的上空也出现了臭氧层空洞。

仅仅是大气中现存的污染物，都会导致臭氧层被进一步破坏。

　　"燃烧煤炭、石油时产生的煤烟中含有二氧化碳。二氧化碳能够阻止地球热量的散发，起到保温的作用。可问题是随着人们大量地使用燃料，空气中的二氧化碳日益增多，整个地球变得越来越热。"

温室效应

大气保温效应俗称温室效应。指大气能让太阳短波辐射透入大气底层，同时吸收从地球表面辐射的热量，使地面附近大气温度保持较高的水平。多亏了大气的存在，所以地球在无法吸收太阳热量的夜晚也不会特别寒冷。

煤烟中含有可以阻止地球热量完全散逸的二氧化碳。　　11

　　"如果整个地球的气温都变暖的话，那南极和北极的冰块还有冰山就会融化，接着海水就会越来越多，海边的陆地也许就会被海水淹没。你看，二氧化碳等温室气体的增加，会给整个地球带来这么大的灾害。"

温室气体

燃烧煤炭或石油时产生的二氧化碳，沼泽中的甲烷，空气中的水蒸气，被称为氟利昂的氟氯烃，等等，都是导致全球气温变暖的温室气体。

二氧化碳含量的增加，会使地球逐渐变暖，产生巨大的危害。

大气污染物一旦形成，就会长时间停留在大气中到处飘荡，污染大气，对地球造成伤害。所以我们要一起努力阻止大气继续受到污染，共同保护地球环境。一起来看看，为了减少大气污染，我们可以做哪些力所能及的事情？

人们为图方便，即使很近的距离也会选择坐车出行，所以大街上总是挤满了车。距离不远的时候，可以选择步行、骑自行车或是乘坐公共交通工具。这样就能减少汽车尾气的排放啦。

树木不仅能够吸收或过滤掉灰尘和大气污染物，还能吃掉温室气体二氧化碳，吐出新鲜的氧气。种植大量的树木可以减少大气污染哟。

环境保护法规定，为减少污染，不可将污染物未经过滤就随意排放到大气中，也不可以排放超过指定量以上的污染物。遵纪守法是每个公民的基本义务哦。

臭氧层的保护也至关重要。不要使用氟利昂气体等破坏臭氧层的物质。要知道氟利昂气体会在臭氧层中停留10年以上，在这期间不断地破坏臭氧层。虽然近年来人们已经制造出了无污染物质来代替氟利昂气体，但不具备该技术的国家仍在使用氟利昂气体。

减少大气污染

各国之间的约定

大气污染问题不单纯只是某一个国家的问题。因为空气在全球范围内循环运动，所以当地球的某个地方出现严重的大气污染现象，不久后也会对其他地方产生影响。

虽然现在世界各国都在研究开发无污染的燃料，但这期间的大气仍在一直遭受污染。所以担忧大气污染问题的人们聚在了一起，为减少大气污染做出承诺。

·保护臭氧层维也纳公约

1985 年 3 月为了保护臭氧层而制定的公约。主要内容是关于氟利昂气体的监控使用，并承诺在 1995 年氟利昂气体的使用量降低至 1986 年使用量的 50%，到 1997 年时降低至 15%，自 2000 年起，不再使用氟利昂气体。

·蒙特利尔议定书

这是一份管制破坏臭氧层物质的公约，自 1989 年 1 月 1 日起生效。承诺逐步减少使用臭氧层破坏物质，并从某个时刻开始不再使用这些物质。

·联合国气候变化框架公约

1992 年 6 月在里约热内卢召开的联合国环境和发展大会上通过。内容是各国为防止全球变暖共同承诺减少日益增加的温室气体排放量，并要求发达国家在 20 世纪末将其温室气体排放恢复到 1990 年的水平。

"雾霾、酸雨、全球气候变暖……煤烟污染所造成的问题真的好多呀。"

"煤烟污染所导致的问题可远不止这些呢。"

"还有啊？"

"再来给你们讲一讲臭氧好了。"

叔叔这次又给小民和秀秀讲了关于臭氧的事情。

"臭氧原本是空气中的一种气体。适量的臭氧气体对人体是非常有益的。它不仅能杀死有害细菌，还能消除异味。人们在对水进行消毒的过程中也会用到臭氧。还有高空中能够阻挡有害紫外线进入地球的臭氧层，也是由臭氧聚集而成的哦。"

紫外线

是阳光中的一种光线，用我们的肉眼是看不见的。虽然臭氧层能够阻挡有害的紫外线，但还是会有一部分紫外线抵达地表，使我们的皮肤变黑。

空气中存在适量的臭氧有益于人体健康哦。

"那臭氧是个好东西咯？"

"算是吧。不过仅限于它在空气中的含量适当的时候。汽车尾气中的煤烟在阳光的炙烤下会产生大量的臭氧。"

"所以呢？"

小民和秀秀都十分好奇。

ppm：表示 100 万分之一的单位

臭氧 (O₃) 警报
臭氧浓度：0.12ppm
老人和体弱者尽量避免外出。

"要是地表的臭氧含量过高，人们就会出现咳嗽等症状，严重的话还会出现肺部异常，无法正常呼吸。过量的臭氧还会对农作物造成伤害，致使它们无法正常开花结果。原本地表只存在适量的一点点臭氧，但是随着汽车尾气的大量排放，导致臭氧含量过高。

吸入煤烟所产生的过量臭氧，人们就会开始咳嗽，植物也会受到伤害。

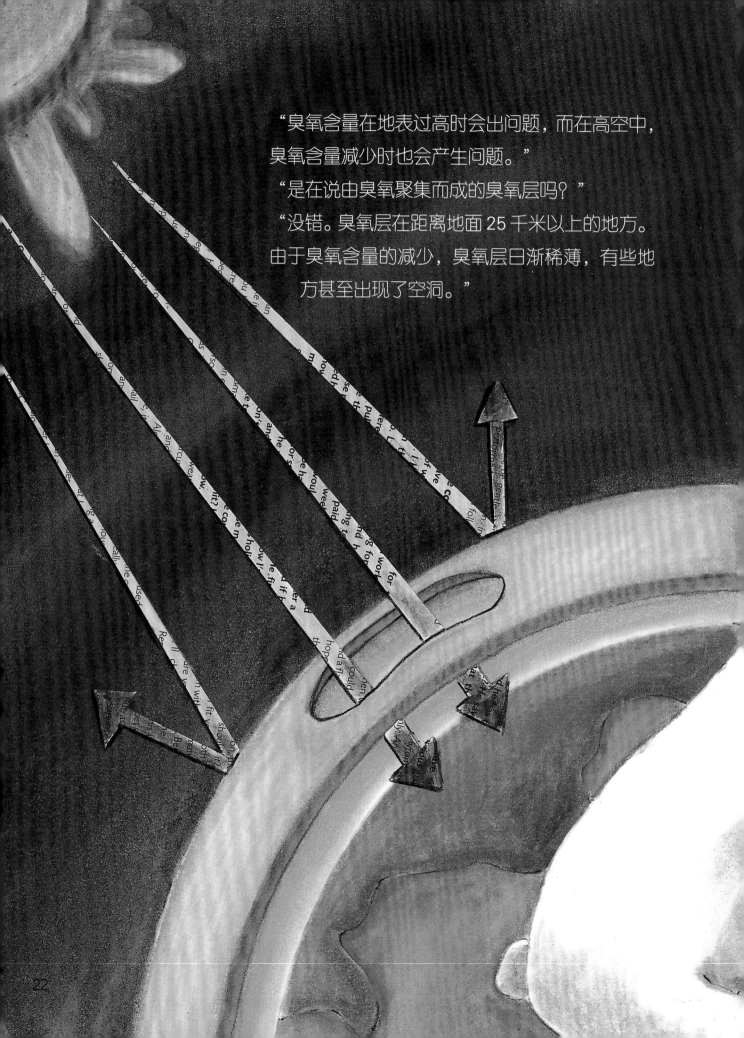

"臭氧含量在地表过高时会出问题，而在高空中，臭氧含量减少时也会产生问题。"

"是在说由臭氧聚集而成的臭氧层吗？"

"没错。臭氧层在距离地面 25 千米以上的地方。由于臭氧含量的减少，臭氧层日渐稀薄，有些地方甚至出现了空洞。"

"那还了得！臭氧层出现空洞的话，不就没法阻挡有害的紫外线啦？"

"对呀。虽然现在只是出现了几个空洞，但等到哪天臭氧层全部消失的话，有害的紫外线就会直接射入地面，植物就会全部枯死，动物也将无法生存，结局就是整个地球被彻底毁灭……"

阻挡有害紫外线的臭氧层出现了空洞。　23

"不是说汽车尾气产生了大量的臭氧吗？为什么臭氧层还会变薄呀？"

"在地表产生的臭氧呀，是飞不到那么高的。"

"那臭氧层上的空洞是怎样造成的呀？"

"在以前的冰箱和定型喷雾中，人们使用了大量的氟利昂气体。它们飘到了高空的臭氧层中，破坏了臭氧层，于是就出现了空洞。当然，在人们知道了这个事实以后，就开始逐渐减少使用氟利昂气体了。"

氟利昂气体

对臭氧层具有破坏作用的其实是一类叫"氟氯烃"的物质。而将这种物质作为原料制成的产品才叫做"氟利昂"。这类气体无毒无味，且制造成本低，因此在当时被广泛用于冰箱、空调、驱蚊药、定型喷雾、快餐盒、塑料制品等产品的生产制造上。

虽然人们在知道它会破坏臭氧层以后减少了使用，但问题是它一旦产生后就会停留在大气中，经久不散。

破坏臭氧层的就是氟利昂气体哦。

"你们知道怎样才能减少污染空气的物质吗？"叔叔问道。

"不要总是乘坐私家车。"秀秀说道。

"发明出没有煤烟排放的燃料来代替现在使用的煤炭和石油。"小民接着说道。

"没错，你们说的都对。所以人们正在开发不会产生污染物的无公害燃料，以及能够过滤污染物的新技术。"

听到叔叔的话，小民和秀秀一起畅想着没有污染物的未来生活。

人们正在为开发出不会产生污染物的无公害燃料而努力。

通过实验与观察了解更多

制作小区的空气质量地图

听说过沙尘天气预报吗？

它能够提前一天告知我们沙尘天气的状况哦。

一起来看看我们所在的小区空气中有多少灰尘吧。

实验材料　塑料碟子、双面胶、小区地图、放大镜

实验方法

1. 准备好小区地图，在地图上选择 10 个想要确认污染程度的地方。
2. 将双面胶的一面粘在塑料碟子上。
3. 来到待测定地点后，揭下双面胶上的离型纸，放置好碟子。3 天后从各测定地点取回碟子。
4. 利用放大镜观察双面胶正面粘上的灰尘浓度，试划分成"污染十分严重""污染严重""污染不严重"三个等级。

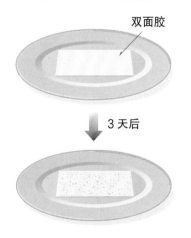

双面胶

3 天后

实验结果

　　放置在马路附近的碟子和在人们往来较多的公交车站附近的碟子上，附着有大量的灰尘。

　　放置在树木较多的公园中的碟子上，附着的灰尘最少。

为什么会这样呢？

　　灰尘是悬浮在空气中的小颗粒。工厂烟囱、施工场地、汽车尾气、岩石和泥土的风化过程等都会形成灰尘并悬浮在空气中。灰尘在空气中到处游荡，有时会粘在物体的表面，有时会跟随着我们的呼吸进入人体。马路附近车水马龙，有大量的汽车尾气被排出；衣服等物体表面会有灰尘掉落，因此人们走动较多的地方也会有比较多的灰尘；而在树木较多的地方，会有很多植物的叶片吸附灰尘，所以灰尘较少。

了解酸雨对植物、建筑以及岩石的损害

听说在大城市淋雨后就会脱发变成秃头，这其实是在酸雨出现后兴起的说法。让我们一起来看看，酸雨会对建筑物和植物造成怎样的影响吧。

实验材料　烧杯、树叶、粉笔（碳酸钙）、食醋、自来水、鸡蛋

实验方法

1. 准备好带有叶柄的健康树叶，在两个烧杯中分别倒入半杯左右的食醋和自来水。
2. 将树叶连同叶柄分别完全浸入食醋和自来水中，2~3天后试比较树叶的变化。
3. 在食醋和自来水中分别加入一支用碳酸钙制成的粉笔，观察其变化。

实验结果

浸泡在水中的树叶
无特别变化。

浸泡在食醋中的树叶
树叶的颜色变黄。

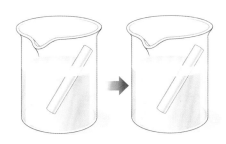

浸泡在水中的粉笔
无特别变化。

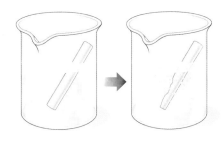

浸泡在醋中的粉笔
出现泡沫并溶解。

为什么会这样呢？

食醋是一种酸性溶液。酸性溶液具有与金属发生反应的性质，因此含有碳酸钙的岩石与其发生反应后，就会释放二氧化碳并被溶解。将粉笔（碳酸钙）放入食醋里，粉笔就会溶解。石灰岩洞也是根据这个原理形成的哦，因为石灰岩会溶解在弱酸性的地下水中。

同理，由大理石或水泥材料建成的建筑在经历酸雨的冲刷后，也会被腐蚀毁坏，因为这些岩石中都含有碳酸钙的成分。

问题 听说还有能够确认大气污染程度的植物？

大气污染物虽然有很多种，但人们还是可以通过地表植物来确认当前大气中含有哪种污染物哦。一些地表植物会对某种特定的大气污染物产生反应，人们借此就可以大致确定大气污染物的种类以及污染程度了。

鼠尾草

野芝麻

利用苔藓类植物，我们可以知道大气中是否含有二氧化硫。二氧化硫具有将其他物质漂白的性质，因此它能使苔藓类植物中叶绿素的绿色变成白色，进而阻碍植物的光合作用。光合作用是绿色植物利用水、二氧化碳和阳光来制造养分的过程。要是光合作用受阻，植物就无法正常生长了。

除了苔藓类植物，我们还可以通过野芝麻、鼠尾草来确定大气中是否含有二氧化硫和臭氧。大气中二氧化硫的含量较大时，这些植物的所有叶片上会出现较大的斑点；而在臭氧含量较大的情况下，这些叶片上则会出现较小的斑点。

问题 汽车排放的烟雾到底有多大害处？

汽车已经成为了我们生活中必不可少的交通工具。要是汽车的燃料以石油为原料的话，那么它在行驶过程中，每 100 万辆就会向空中排放 19 吨二氧化硫废气、168 吨氮氧化物、960 吨一氧化碳、108 吨碳氢化合物以及 9 吨可吸入颗粒物。

二氧化硫和氮氧化物会引起酸雨；一氧化碳进入人体血液，就会影响人体运送氧气的功能；碳氢化合物会引起雾霾；而可吸入颗粒物会对大气能见度造成极大影响。

这些大气污染物在遇到阳光的强烈照射后，还会产生过量的臭氧，危害人体健康，引发呼吸系统疾病。人们要尽快研发出使用无公害燃料的新能源汽车，代替化石燃料（原料为石油）的传统汽车，减少污染物的排放。

问题 氧气也要买？

　　未来也许会出现像餐厅和服装店一样，专门出售氧气的商店。由于日趋严重的环境污染问题，也许将来地球上的空气污染问题会比现在更严重，到那时新鲜的氧气稀缺，人们就只能花钱来购买氧气呼吸了。

　　虽然目前也有用于煤气中毒或窒息等危急情况的高压氧舱，以及装在罐子里可以像喷雾器一样喷出的氧气罐，但大多数情况下人们并不会使用到这些。

　　但要是任由空气污染问题继续发展下去，人们就真的要在氧气商店才能购买到纯净的氧气了。说不定还能根据个人喜好购买一些添加了玫瑰或草木香气的氧气来呼吸呢。人们在缺氧的时候，会感到眩晕甚至头疼，但只要及时吸氧，头脑就会立刻清醒，全身充满活力哦。

科学话题

有没有预防紫外线的方法？

　　臭氧层原本能够有效地阻挡有害紫外线进入地表。而人们为了生活便利创造发明出来的东西中，含有一些会破坏臭氧层的物质，导致强烈的紫外线直接射入地球。受到强紫外线的照射后，皮肤会产生雀斑且容易老化。

　　更可怕的是，紫外线进入皮肤深处会引发皮肤癌等疾病。所以人们一直在努力预防紫外线对身体造成的伤害。

　　为防止紫外线晒伤皮肤，出现了各种各样的防晒产品，还可使用防紫外线的衣料来做衣服。人们还根据紫外线量的多少确立了紫外线指数，并且开发出紫外线警报产品，数值升高时便会响起警报提醒。每个人都要注意预防紫外线哦。

这个一定要知道！

阅读题目，给正确的选项打√。

1 下列选项中，不是由于大气污染造成的是

- ☐ 眼睛、鼻子或者嗓子疼痛。
- ☐ 酸雨过后，帕特农神庙等文化遗产遭到腐蚀毁坏。
- ☐ 臭氧层遭到破坏，动植物生存环境艰难。
- ☐ 运动后感到肚子饿。

2 下列选项中，哪些选项属于大气污染物？

- ☐ 工厂烟囱里的烟雾
- ☐ 汽车尾气
- ☐ 氧气
- ☐ 水蒸气

3 下列选项中，吸收有害的紫外线，保护了地球所有生物的是

- ☐ 雾霾
- ☐ 氟利昂气体
- ☐ 臭氧
- ☐ 汽车尾气

4 为防治大气污染，我们应该

- ☐ 经常使用空调
- ☐ 开发无公害燃料
- ☐ 不要到工厂附近去

3. 臭氧 /4. 开发无公害燃料

1. 运动后感到肚子饿。/2. 工厂烟囱里的烟雾；汽车尾气/

科学原理早知道 自然与环境

力与能量	物质世界	我们的身体	自然与环境
《啪！掉下来了》	《溶液颜色变化的秘密》	《宝宝的诞生》	《留住这片森林》
《嗖！太快了》	《混合物的秘密》	《结实的骨骼与肌肉》	《清新空气快回来》
《游乐场动起来》	《世界上最小的颗粒》	《心脏，怦怦怦》	《守护清清河流》
《被吸住了！》	《物体会变身》	《食物的旅行》	《有机食品真好吃》
《工具是个大力士》	《氧气，全是因为你呀》	《我们身体的总指挥——大脑》	
《神奇的光》			

推荐人 朴承载教授（首尔大学荣誉教授，教育与人力资源开发部科学教育审议委员）
作为本书推荐人的朴承载教授，不仅是韩国科学教育界的泰斗级人物，创立了韩国科学教育学院，任职韩国科学教育组织联合会会长，还担任着韩国科学文化基金会主席研究委员、国际物理教育委员会（IUPAP-ICPE）委员、科学文化教育研究所所长等职务，是韩国儿童科学教育界的领军人物。

推荐人 大卫·汉克（Dr.David E.Hanke）教授（英国剑桥大学教授）
大卫·汉克教授作为本书推荐人，在国际上被公认为是分子生物学领域的权威，并且是将生物、化学等基础科学提升至一个全新水平的科学家。近期积极参与了多个科学教育项目，如科学人才培养计划《科学进校园》等，并提出《科学原理早知道》的理论框架。

编审 李元根博士（剑桥大学理学博士，韩国科学传播研究所所长）
李元根博士将科学与社会文化艺术相结合，开创了新型科学教育的先河。
参加过《好奇心天国》《李文世的科学园》《卡卡的奇妙科学世界》《电视科学频道》等节目的摄制活动，并在科技专栏连载过《李元根的科学咖啡馆》等文章。成立了首个科学剧团并参与了"LG科学馆"以及"首尔科学馆"的驻场演出。此外，还以儿童及一线教师为对象开展了《用魔法玩转科学实验》的教育活动。

文字 金基明
本科和硕士均毕业于首尔教育大学的小学科学教育专业。现为首尔新明小学六年级科学教师。平常会创作一些与儿童科学相关的文章并发表在《化学教育》和《儿童版科学东亚》等杂志上。致力于韩国科学教师协会的小学实验材料套件开发项目。积极参与小学教师联合组织"小学科学守护者"的活动。热衷于儿童科学故事的创作，已创作出《不断深入的科学观察小故事》《呀！竟然打鼻子》《趣味学习大自然》等科学故事。

插图 金英熙
毕业于韩国朝鲜大学哲学系，目前是一名插图画师。现有作品包括《沉睡的森林美人》《螃蟹、小龙虾和虾是亲戚》《珍贵脸蛋上的眼睛、鼻子和嘴巴》《火焰的画家——文森特·梵高》等。

콜록콜록, 숨을 쉴 수 없어요
Copyright © 2007 Wonderland Publishing Co.
All rights reserved.
Original Korean edition was published by Publications in 2000
Simplified Chinese Translation Copyright © 2022 by Chemical
Industry Press Co.,Ltd.
Chinese translation rights arranged with by Wonderland Publishing Co.
through AnyCraft-HUB Corp.,Seoul, Korea & Beijing Kareka
Consultation Center, Beijing, China.
本书中文简体字版由 Wonderland Publishing Co. 授权化学工业出版社独家发行。
未经许可，不得以任何方式复制或者抄袭本书中的任何部分，违者必究。

北京市版权局著作权合同版权登记号：01-2022-3271

图书在版编目（CIP）数据

清新空气快回来 /（韩）金基明文；（韩）金英熙绘；季成译.—北京：化学工业出版社，2022.6
（科学原理早知道）
ISBN 978-7-122-41006-1

Ⅰ.①清… Ⅱ.①金…②金…③季… Ⅲ.①空气污染—儿童读物 Ⅳ.①X51-49

中国版本图书馆CIP数据核字（2022）第048213号

责任编辑：张素芳
文字编辑：昝景岩
责任校对：王 静
封面设计：刘丽华
装帧设计：溢思视觉设计／程超

出版发行：化学工业出版社
　　　　　（北京市东城区青年湖南街13号　邮政编码100011）
印　装：北京华联印刷有限公司
889mm×1194mm　1/16　印张2¼　字数50千字
2023 年 3 月北京第 1 版第 1 次印刷

购书咨询：010-64518888
售后服务：010-64518899
网　址：http://www.cip.com.cn
凡购买本书，如有缺损质量问题，本社销售中心负责调换。

定　价：25.00元　　　　　版权所有　违者必究